STEAM创新研学系列

张 航
主编

古生物学家
营养师

张 航 汪淑榕 蔡心仪 编著

海峡出版发行集团
THE STRAITS PUBLISHING & DISTRIBUTING GROUP
福建教育出版社

图书在版编目（CIP）数据

古生物学家　营养师/张航，汪淑榕，蔡心仪编著
. —福州：福建教育出版社，2021.6
（STEAM 创新研学系列/张航主编）
ISBN 978-7-5334-8569-6

Ⅰ．①古… Ⅱ．①张…②汪…③蔡… Ⅲ．①古生物
学－少儿读物②营养学－少儿读物 Ⅳ．①Q91-49
②R151-49

中国版本图书馆 CIP 数据核字（2019）第 211218 号

STEAM 创新研学系列
Gushengwuxuejia　Yingyangshi

古生物学家　营养师

张航　汪淑榕　蔡心仪　编著

出版发行 福建教育出版社

（福州市梦山路 27 号　邮编：350025　网址：www.fep.com.cn

编辑部电话：0591-83716190

发行部电话：0591-83721876　83727027　83726921）

印　　刷 福建东南彩色印刷有限公司

（福州市金山工业区　邮编：350002）

开　　本 787 毫米×1092 毫米　1/16

印　　张 7.75

版　　次 2021 年 6 月第 1 版　2021 年 6 月第 1 次印刷

书　　号 ISBN 978-7-5334-8569-6

定　　价 39.00 元

如发现本书印装质量问题，请向本社出版科（电话：0591-83726019）调换。

编 写 说 明

　　STEAM 教育是一种跨学科融合的综合教育。五个字母分别代表了科学（science）、技术（technology）、工程（engineering）、艺术（art）、数学（mathematics）五个学科，它是培养综合性人才的一种创新型教学模式。而当前在中小学开展研学旅行也是新时代国家推动基础教育育人模式的新探索，其综合实践育人的宗旨与注重实践的 STEAM 教育理念不谋而合。在此背景下，中国科学院科普联盟科教创新专业委员会执行委员、福建师范大学研究生导师、福建省中小学科学学科带头人张航老师带领相关学科骨干教师精心编写了"STEAM 创新研学系列"丛书。本套丛书共 6 本，分别为《医生　航海家》《建筑师　音效师》《侦探　花艺师》《古生物学家　营养师》《灯光师　气象员》《咖啡师　桥梁工程师》，以 12 种生活中常见的职业为原型，从学生的发展需求出发，在生活情境中把发现的问题转化为课程主题，通过探究、服务、制作、体验等方式，将 STEAM 教育与研学教育相结合，旨在帮助教师深入理解如何将科学探究与工程实践进行整合，以提高学习者设计与实践 STEAM 研学课程的能力。

　　本丛书是一线教师和研学导师的好帮手，也是孩子在学、做、玩中成长的好伙伴！它适用于中小学及校外研学实践基地、劳动教育基地、科普教育基地等场所的教师、辅导员和学生开展创新教育活动。

2021 年 4 月

主 编 简 介

张航　福建小学教育公共实训基地负责人、闽江师专教科所科学教研员、三创学院创业导师，福建省中小学科学学科带头人，福建师范大学光电与信息工程学院研究生导师，中国科学院科普联盟科教创新专业委员会执行委员，福建省人工智能科教学会常务副会长，福建省创客科教协会副会长，福建教育学会小学科学教育专业委员会秘书长，科逗科爸创新研学联盟创办人。《小创客玩转科学》《AI 来了》《小眼睛看大世界——职业互动立体书》等系列科教丛书的主编。

目 录

古生物学家

走近古生物学家

1. 古生物学家与化石……………………… 4

2. 中国的古生物博物馆 ……………… 8

古生物学家探险秘笈

1. 化石存在于岩石中………………………… 11

2. 化石的分类 ……………………………… 14

3. 化石的形成 ……………………………… 17

4. 由化石走进恐龙世界 …………………… 23

5. 探寻古生物化石遗址 …………………… 31

6. 拍摄化石 ………………………………… 36

7. 保护化石的方法 ………………………… 39

8. 化石挖掘技能 …………………………… 47

STEAM实践：我是化石小达人

1. 化石的挖掘…………………………… 53

2. 化石的修复 ………………………… 57

营养师

走近营养师

1. 我们吃什么 …………………… 62
2. 营养师的由来 ………………… 64

营养师的本领

1. 人体的奥秘 …………………… 68
2. 食物大家族 …………………… 73
3. 营养成分知多少 ……………… 78
4. 厨房里的实验 ………………… 82
5. 食物王国的宝塔 ……………… 89
6. 霉菌的威力 …………………… 95
7. 食物保卫战 …………………… 100
8. 这些食物安全吗? …………… 103

STEAM实践：设计一日食谱

1. 调查报告 ……………………… 110
2. 食谱大挑战 …………………… 116

古生物学家

引 言

同学们，你们听说过化石吗？认识化石吗？

你们知道侏罗纪时期谁是地球的霸主吗？是的，就是恐龙！你们认识哪些恐龙呢？知道为什么恐龙会灭绝吗？恐龙早已不复存在，为什么我们还能认识它们呢？这是因为研究恐龙化石的古生物学家帮我们解开了这些谜团。

古生物学家是如何解开恐龙谜团的呢？恐龙、化石和古生物学家三者之间又有什么联系呢？你们一定充满了好奇吧！想知道隐藏在其中的秘密吗？让我们一起来了解古生物学家和古生物博物馆，了解化石及其形成的过程，认识中生代的恐龙世界，体验古生物学家是如何工作的，学做一名小小古生物学家吧！

走近古生物学家

同学们，你们听说过古生物学家吗？古生物学家是专门从事化石研究的科学家。古今中外都有哪些著名的古生物学家？化石又是什么？在哪些地方可以了解这些奥秘呢？让我们一起走进古生物学家的世界吧！

1 古生物学家与化石

该找谁帮忙？

暑假，龙龙和爸爸妈妈一起到四川自贡恐龙国家地质公园旅游。他被公园中的恐龙骨骼深深地吸引了，不禁萌发了一个想法：要在这片乐土中观察、探索。龙龙在探索的过程中发现地上有一些看起来像骨头的石头，他想动手挖一挖，可是被爸爸妈妈劝阻了。

> 你觉得龙龙的爸爸妈妈会怎么劝说他呢？请在对应的观点上做标记。
>
> （1）地上太脏了，不能玩。
> （2）我们只是来旅游的，挖到的石头没地方储存。
> （3）这是公园里的东西，是公物，不能随便碰。
> （4）这有可能是化石，得找这方面的专家来研究。

龙龙听从了爸爸妈妈的建议，可是不知道该请哪位专家来帮忙。你能帮他拿主意吗？

公园管理人员

老师

医生

古生物学家

警察

应找＿＿＿＿＿＿＿＿来帮忙。

 ## 古生物学家

专门研究古生物的科学家叫古生物学家。他们通过挖掘古生物遗留下来的被矿物化的骨骼等坚硬的组织，来研究该生物的形态结构、生理功能、生活习性、生存环境等，从而揭开生物演变的进程和原因。

古今中外著名的古生物学家有很多。

法国的居维叶是古生物学的奠基人，他提出根据动物的骨骼化石对动物进行整体复原的设想。

美国著名古生物学家爱德华·德林克·柯普和奥赛内尔·查利斯·马什，发现并命名了很多恐龙化石。他们曾是共事的伙

爱德华

伴，可惜后来反目成仇，一场被后人称为"化石战争"的竞争在他们之间展开。他们各自组织了一支考古团队，互相竞争，化石之战越演越烈，两支队伍不择手段地对抗，甚至为了不让对方达到目的，不惜破坏对方的挖掘现场，破坏恐龙化石，不少珍稀化石在这场"化石战争"中被彻底摧毁。虽然他们的恶性竞争令人不齿，但依旧无法磨灭他们为古生物学界做出的巨大贡献。

中国也有很多著名的古生物学家，如孙云铸、杨钟健、李四光、裴文中、董枝明、周忠和、徐星、朱敏等。

杨钟健

孙云铸

李四光

裴文中

董枝明

什么是化石？

　　化石是保存在地层岩石中几百万年以前生物的残骸或者遗迹，如骨骼、外壳、叶子、脚印等。其中，恐龙化石更是家喻户晓。

中国的古生物博物馆

 ## 中国古动物馆

位于北京市，不仅是中国第一家古生物化石博物馆，而且也是目前亚洲最大的古动物博物馆，有 20 余万件古生物化石。

 ## 南京古生物博物馆

世界上最大的古生物博物馆之一，馆藏最出名的化石是澄江动物群和中华龙鸟化石。

辽宁古生物博物馆

于 2011 年开馆，是当时中国规模最大的古生物博物馆，有 8 个展厅、16 个展区，最具特色的馆藏是热河生物群化石。

 ## 大庆博物馆

国家一级博物馆，是一个以东北古环境、古动物和古人类为主题的综合性博物馆，镇馆之宝是猛犸象化石骨架。

古生物学家探险秘笈

同学们，你们知道化石存在于哪种岩石中吗？是怎么形成的？又是如何被发现、被挖掘的？

恐龙灭绝的真正原因依旧是未解之谜，还有待进一步考证。如何才能解开这尘封几千万年的秘密呢？这也只能从恐龙化石中寻找答案。因此发现、挖掘、研究恐龙化石成为古今中外古生物学家长期探秘的课题。让我们一起来亲历古生物学家的工作，或许你就是未来揭开恐龙灭绝秘密的古生物学家。

化石存在于岩石中

● 什么是岩石？

地球的外壳是由岩石构成的。有些岩石裸露在空气中，有些被土壤、水所覆盖。岩石是天然的，通常是由一种或者多种矿物组成的，有相对固定的形状。

你能找出下面哪些是岩石吗？请把岩石下方的圆圈涂上颜色。

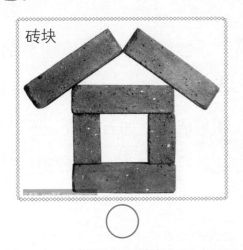

砖块

水泥块

煤

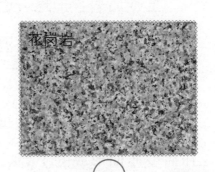

花岗岩

岩石的种类

根据岩石的形成方式，地质学家将岩石分成三类：岩浆岩、沉积岩和变质岩。

1. 岩浆岩：岩浆喷出后冷却形成的岩石，如花岗岩、玄武岩等。

2. 沉积岩：具有明显的层次，是由泥、沙、岩石碎屑沉积形成的，如石灰岩、页岩等。化石一般存在于沉积岩中。

3. 变质岩：地球表面的岩石被深埋在地下时，在高温高压的作用下变化而成的岩石，如大理石、片麻岩（花岗岩经过高温高压后变质而形成的）等。

模拟变质岩的形成

◆ 材料准备

不同颜色的橡皮泥，两块塑料硬垫板。

◆ 操作步骤

1.准备不同颜色的橡皮泥，把它们搓成圆球状。

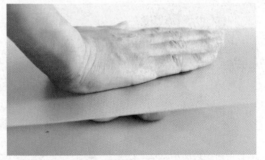

2.将这些橡皮泥堆放在两块垫板之间。

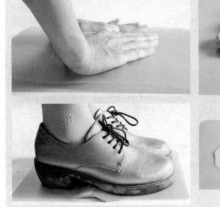

3.用手挤压，再用脚踩垫板。每次挤压后均打开垫板，观察橡皮泥在不同压力下的状态。

② 化石的分类

 化石的种类

化石可分成四类：实体化石、模铸化石、遗迹化石、化学化石。

1. 实体化石：古生物遗体本身的全部或者部分坚硬的组织保存下来而形成的化石，如恐龙化石、琥珀等。

恐龙化石

琥珀

2. 模铸化石：古生物遗体在岩层或者围岩中的印痕和复铸物，如树叶印痕化石、贝壳印模化石等。

树叶印痕化石

3.遗迹化石：古生物遗留在沉积物表面或内部的各种生命活动的形迹构造形成的化石，如足迹、移迹、潜穴、粪便、蛋、使用过的工具等。

粪便化石

恐龙蛋化石

脚印化石

4.化学化石：古生物遗体中的软组织分解后形成的氨基酸、脂肪酸等有机物在特定的条件下被保存在岩层中，这些物质看不见、摸不着，但足以证明过去生物的存在。

模拟鉴别化石

◆ 材料准备

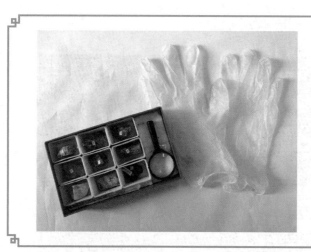

矿物岩石化石标本实验盒，放大镜，一次性手套。

◆ 操作步骤

1. 取出矿物岩石化石标本实验盒，戴好一次性手套。

2. 依次取出标本，并用放大镜仔细观察。

3. 将观察到的化石挑选出来。

3 化石的形成

● 化石是如何形成的?

1. 动物死亡后，肌肉等软组织被分解，坚硬的骨骼、牙齿等保存下来。

2. 随着时间的推移，坚硬的组织被沉积层包围，并逐渐被矿物化。

3. 经过漫长的地质年代和地壳运动，已经形成的化石逐渐由底部的岩层上升到接近地表的地方。

4. 由于岩石发生侵蚀和坍塌，接近地表的化石逐渐裸露于地面，从而被发现、采集。

模拟制作实体化石——骨骼化石

◆ 材料准备

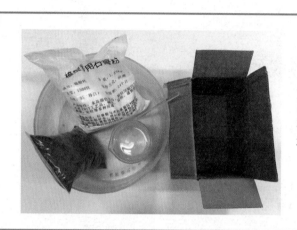

沙子，石膏，肥皂水，水槽，玻璃棒，纸盒，骨骼模型（或动物的骨骼）。

◆ 操作步骤

1.配制一定量的肥皂水，并将骨骼模型投入肥皂水中浸泡。

2.将沙子、石膏和水倒入水槽中，混合均匀，并用玻璃棒搅拌至糊状。

3.向纸盒中倒入一半的沙子石膏混合物，并将另一半封存好，以防变硬。

4.将浸泡过的骨骼模型放在纸盒中的沙子石膏混合物上，并将部分结构压入混合物中。

5. 晾至微干，再涂上一层肥皂水，并将剩余的沙子石膏混合物全部倒入盒中，使骨骼模型完全被掩埋。

6. 晾至沙子石膏混合物完全干燥。

 模拟制作实体化石——琥珀

◆ 材料准备

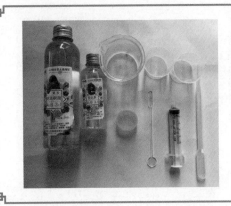

环氧树脂 A 胶和 B 胶，小容器，烧杯，小昆虫。

◆ 操作步骤

1. 取两个烧杯，量取 30 毫升环氧树脂 A 胶和 10 毫升 B 胶。

2. 将两种胶混合，并搅拌至不拉丝。

3. 取一个小容器，往里缓缓注入混合好的水晶滴胶。

4. 边注入滴胶边将捕捉到的蚂蚁或其他昆虫投入容器中，并继续注入滴胶。

5. 静置 8 小时，让其凝固。

 思考与拓展

你还知道哪些化石属于实体化石呢？用你喜欢的方式（图或文字）描述出来。

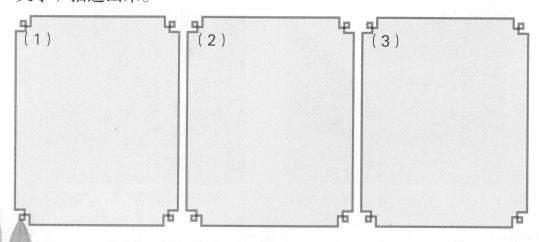

（1）

（2）

（3）

模拟制作模铸化石——树叶印痕化石

◆ 材料准备

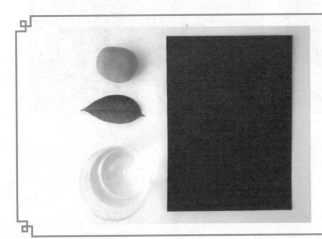

橡皮泥，肥皂水，水槽，垫板，桂花叶。

◆ 操作步骤

1. 将桂花叶浸泡在肥皂水中。

2. 橡皮泥反复揉捏至没有空气。

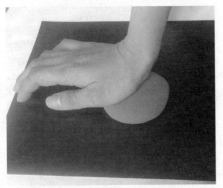

3. 将揉捏好的橡皮泥摊平。

4. 将浸泡过的桂花叶压入橡皮泥中，直至形成清晰的印痕为止。

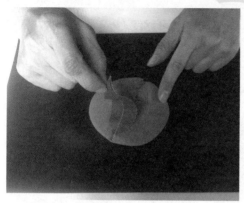

5. 轻轻揭开，取出桂花叶。　　　　6. 晾至橡皮泥完全干燥。

 思考与拓展

你还知道哪些化石属于模铸化石？用你喜欢的方式（图或文字）描述出来。

（1）

（2）

（3）

由化石走进恐龙世界

恐龙在地球上称霸了一亿多年，但突然在 6500 万年前灭绝了，今天人们看到的只有恐龙化石。古生物学家正是通过对恐龙化石的分析研究来推断恐龙的形态、习性等特征。

 ## 恐龙的演变

恐龙生活在中生代（三叠纪、侏罗纪、白垩纪）时期。

1. 三叠纪时期的恐龙。

三叠纪时期，盘古大陆绝大部分是沙漠，植物一般分布在海岸线和河流流经的地方，受食物、庇护场所的影响，此时的恐龙多为小型恐龙，如始盗龙。

始盗龙：身体长约 1 米，身手敏捷，尾巴很长，能帮助它在迅速奔跑时保持身体平衡。它有很多锐利的小牙齿，是肉食性恐龙。

23

随着时间的推移，植物广泛分布，植食性恐龙也开始逐渐演化。三叠纪晚期，原蜥脚类恐龙开始出现，但在侏罗纪中期又销声匿迹了。三叠纪晚期还出现了最早的翼龙，它们的体型也非常小，但翼龙并不是真正的恐龙。

2. 侏罗纪时期的恐龙。

侏罗纪时期的气候变得温暖潮湿，巨大的植物开始兴盛，不断有体型更大的植食性恐龙开始演化出来，其中最大的是蜥脚类恐龙，如梁龙。

梁龙：最大的梁龙身长可以超过 30 米，重达 15 吨。庞大的身体靠 4 条柱形腿支撑。它的脖子长达 7.5 米，但却无法抬高。它的鼻孔长在头顶上。梁龙有着巨大的体型及长长的脖子和尾巴，所以是最容易辨认的恐龙之一。

剑龙：剑龙以蕨类和木贼类植物为食。它的体型比梁龙小得多，但看似更加凶猛。它最大的特点是背上竖立着两排骨板（具有调节体温和求偶的功能），以及尾巴有四根尖刺（用来防御掠食者的攻击）。它身长大约 7 ~ 9 米，身高 2.35 ~ 3.5 米，重 4 ~ 5 吨。剑龙以群体游牧的方式与梁龙等其他恐龙生活在一起。

异特龙：体重约 2 吨，最重可达 3.6 吨，身长最大可达 9.7 米。它的动作非常敏捷，往往是成群捕食猎物，是食肉恐龙的典范。它有 70 颗边缘带锯齿的牙齿，每一颗都像匕首一样尖锐。前肢非常粗壮，有三根指，指头上有利爪，撕开猎物不费吹灰之力。粗大的尾巴可以当作鞭子，横扫进犯的敌人。

3. 白垩纪时期的恐龙。

白垩纪是恐龙的鼎盛时期，许多新种类不断演化出来，代表性的恐龙有三角龙、暴龙、棘龙等。

三角龙：植食性恐龙，出现在白垩纪晚期，是最晚出现的恐

龙之一，也是最著名的恐龙之一。它因头上有三根突出的犄角而得名。它身长 6 ～ 10 米，高 2.4 ～ 2.8 米，重 5 ～ 10 吨。三角龙总共拥有 432 ～ 800 颗牙齿。三角龙最显著的特征是角和颈盾，头后方的颈盾长超过 1.5 米，三根角中最长的两根超过 80 厘米。

霸王龙：别名雷克斯暴龙，是暴龙类恐龙中最大的一种，也是陆地上最大的肉食性动物。它出现在白垩纪末期，是最晚灭绝的恐龙之一。它最早的祖先是始盗龙。它的前肢非常小，和一个成年人的手臂差不多；牙齿是圆锥状的，能咬碎骨头，平均咬合力为 10 吨。

棘龙：唯一会游泳的肉食性恐龙。棘龙因背上像帆一样的长棘而得名，它的长棘最高可达 1.65 米，可能具有调节体温、储存能量、吸引异性和猎物等作用。

推测恐龙灭绝的原因

1. 陨石撞击说。

据研究，当时曾有一颗直径7～10千米的小行星坠落在地球表面，引起一场大爆炸，把大量的尘土抛向大气层，灰尘遮天蔽日，导致植物的光合作用暂时停止，恐龙因此而灭绝了。

2. 火山喷发说。

大规模的火山爆发导致二氧化碳大量喷出，造成地球严重的温室效应，从而导致植物死亡，恐龙失去赖以生存的食物。此外，火山喷发使得卤素大量释出，破坏了臭氧层，有害的紫外线照射到地球表面，从而造成生物灭亡。

3. 大陆漂移说。

在三叠纪时期，地球上只有唯一的一块大陆，即盘古大陆。由于地壳变化，这块大陆在侏罗纪时期发生了较大的分裂和漂移现象，最终导致环境和气候的剧变，恐龙因此而灭绝。

4. 气候变迁说。

6500万年前，气温大幅度下降。恐龙是冷血动物，无法适应地球气温的下降，也就无法生存。

5. 造山运动说。

在白垩纪末期发生的造山运动使得沼泽干涸，许多以沼泽为家的恐龙因此无法生存。由于地形的变化，植物也改变了，食草性的恐龙不能适应新的食物而相继灭绝。食草性恐龙的灭绝使肉食性恐龙也因失去食物而灭绝了。这个灭绝过程持续了一千万至两千万年。到了白垩纪末期，恐龙终于在地球上绝迹。

6. 物种争斗说。

在恐龙年代末期，最初的小型哺乳动物出现了，这些动物属啮齿类动物，可能以恐龙蛋为食。这种小型动物缺乏天敌，数量越来越多，最终吃光了恐龙蛋。

有关恐龙灭绝的学说，还有地磁变化说、植物中毒说、酸雨说等，支持率最高的还是陨石撞击说。

模拟陨石撞击地球

◆ 材料准备

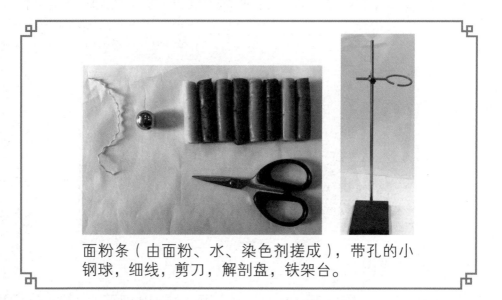

面粉条（由面粉、水、染色剂搓成），带孔的小钢球，细线，剪刀，解剖盘，铁架台。

◆ 操作步骤

1. 用面粉、水和染色剂搓出几种颜色不同的面粉条。将面粉条合搓成直径为10厘米的球，放在解剖盘中，模拟地球。

2. 将带孔的小钢球用细线拴好，悬挂在铁架台的顶端。

3. 将托盘置于钢球下方，剪断细线，让钢球自由下落，观察并记录实验现象。

探寻古生物化石遗址

 地质年代的划分

地质学家和古生物学家根据地层自然形成的先后顺序，将地质年代分为 5 代 12 纪。

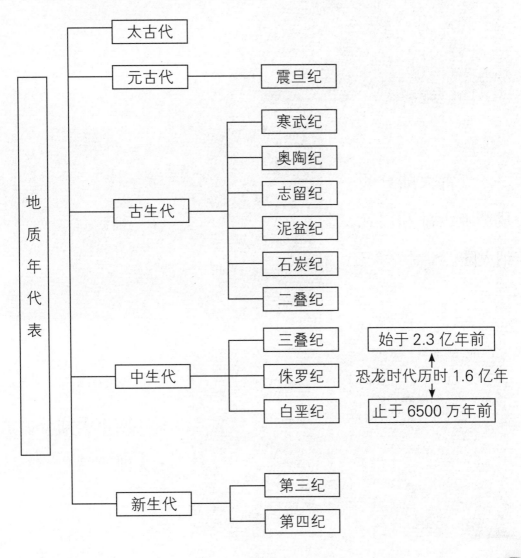

中生代的陆地板块分布

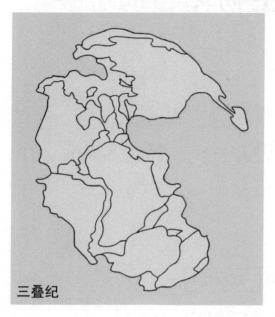

三叠纪

地球上只有一块超大的陆地，即盘古大陆。

盘古大陆分裂成劳亚大陆和冈瓦纳大陆。

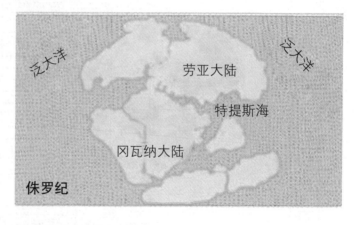

泛大洋　劳亚大陆　泛大洋　特提斯海　冈瓦纳大陆

侏罗纪

北冰洋　北美洲　欧洲　亚洲　北大西洋　非洲　太平洋　南美洲　太平洋　南大西洋　印度洋　大洋洲　南极洲

白垩纪

两个大陆分裂成七大洲。

中国古生物化石聚集地

1. 澄江生物群。早期寒武纪化石遗迹，位于我国云南省玉溪市澄江县帽天山附近。到 2019 年，已发现 280 多种物种化石。

2. 热河生物群。中生代晚期化石遗迹，位于我国北部，主要分布在内蒙古东南部、河北北部、辽宁西部。其中辽宁西部是最经典的地区，大约保存了 20 余个重要的生物门类化石。

3.哈密翼龙遗址。白垩纪的化石遗迹，位于我国新疆哈密的地质公园内。这是个翼龙化石的聚集地，在这里发现了迄今为止世界上最大的翼龙化石标本。

4.和政动物群。新近纪和第四纪的化石遗迹，主要位于甘肃省和政地区，在这里发现了举世罕见的三趾马和铲齿象化石。

5.大山铺恐龙化石群遗址。侏罗纪恐龙化石遗迹，位于四川省自贡市大山铺镇附近。这里被称为"恐龙的公墓"，是我国也是世界最重要的恐龙化石聚集地，我国在这片遗址上修建了第一座大型的恐龙遗址博物馆。

 我来解答

龙龙是个恐龙迷，他非常喜欢恐龙，因为大多数恐龙有着庞大的身躯、矫健的四肢、长长的尾巴，是强大的象征。他打算像古生物学家一样去挖掘、探索恐龙的秘密，可是不知道该去我国的哪个古生物遗址。通过以上知识的学习，你能给他一些建议吗？

我的建议是：应该去_____遗址探寻。

理由是：_____

_____

_____。

35

6 拍摄化石

 摄影的作用

摄影已成为生活中不可或缺的一部分，它可以帮助我们记录生活中的点滴，让过去定格，成为永恒。古生物学家的工作也离不开摄影，主要包括挖掘现场的拍摄和化石的拍摄。

对挖掘现场进行拍摄可以帮助古生物学家记录挖掘现场，为后期研究提供有力的证据。

对化石进行拍摄可分为两种：对化石典型标本进行拍摄与对化石完整骨骼进行拍摄。前者是为了满足古生物学家撰写论文、陈列宣传所需；后者是为了化石的复原、陈列、展览。

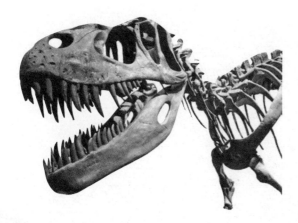

拍摄的注意事项

挖掘现场拍摄

1. 拍摄的光线不可太亮，避免曝光过度造成照片失真，最好采用散射光。

2. 从高处俯拍，让拍摄范围尽可能全面，尽可能呈现自然状态。

3. 尽可能从多个角度拍摄挖掘地周围的环境。

4. 对化石掩埋的原始状态和化石的重点部位需要拍特写。

化石典型标本拍摄

1. 由于古生物化石的色彩多为灰黑色，因此撰写论文所需的照片要采用标准镜头拍摄，以防失真；此外，采用自然顺光拍摄，可完美呈现细节。

2. 陈列宣传所用的照片对真实性要求度不高，后期还可再处理，但由于化石色泽单一，不够明艳，因此背景要以浅色调为主。

化石完整骨骼拍摄

1. 选择能够完全呈现整具骨骼的角度，增强照片的表现力和冲击力。

2. 由于展示区的光源比较复杂，要考虑色温对色彩的影响，因此一般不用相机的自动挡进行拍摄，而是采用手动拍摄模式。

3. 由于展示区环境较杂乱，因此要对照片进行后期处理，可采用 PS 等制图软件对照片进行修饰。

模拟拍摄

◆ 材料准备

手机（用于拍照）。

◆ 操作步骤

1. 从不同角度拍摄一棵灌木所处的环境。

2. 为灌木的叶或者花拍摄特写。

3. 在室内环境选择一件物品进行拍摄，要求尽可能美观，可用制图软件处理。

保护化石的方法

 保护化石的三种方法

保护化石不受损是化石挖掘工作中非常重要的环节。因此，在挖掘工作开始时，若发现有需要保护的化石，应暂时停止挖掘，待保护措施实施完成后，再开展挖掘工作。那该如何实施保护措施呢？通常用到的保护化石的方法有三种：石膏包裹法、套箱法、围岩基座法。

1.石膏包裹法适合保护体积不大的骨架或骨化石，且周围岩石不是很硬或叠压不紧，能一件件分开取下来。

2.套箱法适合保护相对较完整的化石，但化石比较酥、碎、薄、弱，或者化石因叠压太密，无法在野外分开做石膏包裹，而化石下面的岩石又较松散，裂纹多。

3.围岩基座法适合保护在比较坚硬的灰岩、砂岩中不容易挖掘的化石。

 三种保护化石方法的相同步骤

在化石的挖掘过程中，无论选择哪种方法保护化石，起始的操作步骤都是相同的。

1. 往需要保护的骨骼化石上滴滴胶加固。

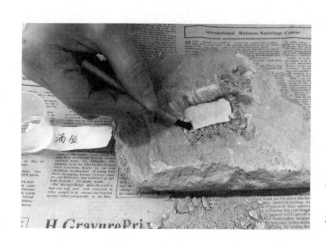

2. 棉布条浸水后，分三四层先后贴在裸露的化石表面，每一次都用毛刷按实。

3. 将熟石膏粉和水按照 1 : 1 的比例配制好。配制方法：往盆中倒入水，再均匀撒入等量的石膏粉，待石膏粉完全沉入水中后，快速搅拌 3~5 分钟。

4.将配制好的石膏倒在棉布条上。

 三种保护化石方法的差异

● **石膏包裹法**

1.待石膏凝固后，清除化石底下的土石。

2. 挖出化石后翻过来，背面用同样的方式处理，倒上石膏封存化石。

3. 待石膏凝固后将化石装入自封袋。

● 套箱法

1. 沿化石边缘挖出四条深沟，形成一个方台。

2. 根据化石的大小选择合适的硬木板（本操作步骤采用硬纸皮代替硬木板）插入深沟，围成箱的四个边框，并固定好。

3. 将配制好的石膏倒入，封存化石。

4. 继续将深沟挖深，将底部掏空。兜上木板，翻箱。

5. 标注底部并编号。

● 围岩基座法

1. 沿化石四周向下挖出超过化石厚度一半的深沟，形成方台。

2. 从根部四周多处插入铁钉，敲击。

3. 取下方台，底托如果太厚，可以再去薄一些。

模拟石膏包裹法取化石

◆ 材料准备

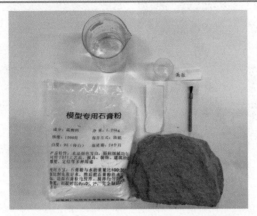

熟石膏，水，滴胶，化妆棉，自封袋，水槽，骨骼化石。

◆ 操作步骤

1. 在骨骼化石上滴滴胶加固。

2. 化妆棉条浸水后，分三四层先后贴在化石表面，每一次都用毛刷按实。

3. 将熟石膏粉和水按照 1：1 的比例配制好。配制方法：往盆中倒入水，再均匀撒入等量的石膏粉，待石膏粉完全沉入水中后，快速搅拌 3 ~ 5 分钟。

4. 将调配好的石膏倒在化妆棉条上。

5. 待石膏凝固后，沿化石边缘往深处挖，清除化石底下的土石。

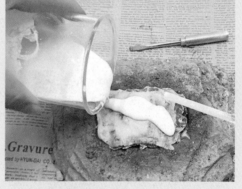

6. 挖出化石后翻过来，将背面清理干净，稍微留一层薄土石，再贴上一层化妆棉，倒入石膏封裹好。

7. 将采集到的化石装入自封袋。

8 化石挖掘技能

 化石挖掘必备工具

2. 铲子和十字镐，用于清除周围的岩层。

3. 锤子和凿子，用于挖掘化石。

1. 指南针和全站仪是测量工具，用于确定化石所在的具体方位。

4. 刷子，用于清除残留在化石上的沙砾与尘土。

5. 自封袋，用于取样，并保存挖掘出来的化石。

 ## 化石挖掘前的准备工作——以挖掘恐龙化石为例

序号	准备工作	操作步骤
1	确定挖掘地点	（1）根据地质年代表确定恐龙生活的年代是中生代。 （2）寻找中生代沉积岩层露出地表或者接近地表的地方，如沙漠、采石场、海岸、悬崖、河岸、煤矿、山路旁等可能的挖掘地点。
2	确定挖掘方法	（1）在沙漠，或是挖掘较小的骨骼化石，可采用简单的挖掘工具进行挖掘。如在沙漠只需将沙子清扫干净即可。 （2）挖掘埋藏在坚硬岩石中的大骨架，就需借助炸药、开路机、钻孔机进行挖掘。
3	测绘挖掘场地	（1）先进行分区，标示出不同分区内的化石，并做好记录。 （2）利用指南针、全站仪等测绘工具及借助摄影技术，精确绘测现场图，记录挖掘现场的精确位置和彼此的相对位置，帮助后期揭示生物致死的原因及化石形成的条件。

 ## 化石挖掘进行时

古生物学家寻找并采集化石的工作既精细又复杂。化石挖掘步骤归纳如下：

1. 长年从事艰苦的野外考察。如根据地质状况和地质条件，在相应的地层中寻找可能存在的化石，然后剥离地层，确定范围，连同附近岩石整体分离。

2. 先用十字镐和铲子清除古生物化石周围的沉积岩；再用凿子和锤子把化石挖掘出来；而后用毛刷清除化石表面的沙砾与尘土；紧接着利用方格网把每块骨骼一一画下来，标号并拍照记录；最后用棉纸将出土的化石包好，并浇灌石膏（起到妥善保护化石的作用）。

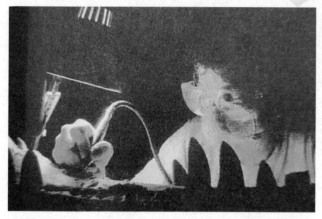

3.在实验室深度清理化石，并对化石进行辨认、分离、修复，再将分散的骨骼完整地组装起来。

4.钻研历史资料和了解最近的古生物学研究信息。

5.根据考古发现的化石，探究古生物的结构、功能以及生命的演变过程，研究导致古生物灭亡的生态环境等。

练习使用化石挖掘工具

◆ 材料准备

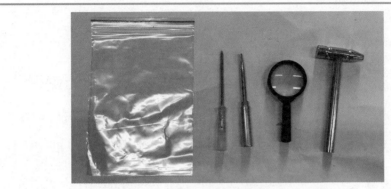

锤子，凿子，放大镜，自封袋。

◆ 操作步骤

1. 到室外选择一个壤土样本的环境，借助准备的工具挖掘一块小石头。

2. 用放大镜观察小石头的颜色、形状、花纹等。

3. 将小石头用自封袋装好。

STEAM实践：

我是化石小达人

通过对化石的挖掘、研究、重组、重塑，可探寻不为人知的世界。让我们一起亲历古生物学家的工作，感受他们工作的乐趣，探寻已发生却未知的过去吧！

化石的挖掘

 模拟野外挖掘化石

◆ 材料准备

自制的骨骼化石（或购买的恐龙化石模型），护目镜，锤子，凿子，刷子，自封袋，报纸。

挖掘过程中根据实际情况选择适合保护化石的方式！

◆ 操作步骤

1. 打开盒子，取出骨骼化石，底下垫一张报纸，以防挖掘时土块溅落至桌面。

2. 戴上护目镜，使用凿子轻轻挖开沙子石膏混合物，裸露出骨骼化石。

3. 用锤子和凿子挖掘埋藏在沙子石膏混合物中的化石，注意用力要适度，以防破坏骨骼化石。

4. 用刷子清除骨骼化石表面残留的粉末。骨骼化石缝隙有残留土块的，还需要借助小凿子配合清理，直到化石完全出土为止。

5. 将挖掘出的骨骼化石装入自封袋中。

 模拟室内深度清理及命名化石

◆ 材料准备

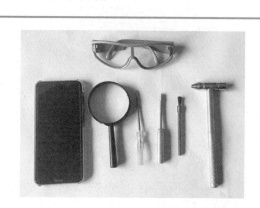

护目镜，考古工具，可上网的手机（用于查阅资料）。

◆ 操作步骤

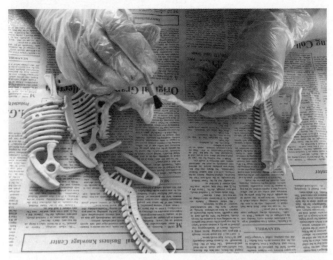

1. 戴好护目镜，用凿子、刷子等工具进一步去除残留在化石上的岩石。化石表面难以去除的岩石，可用刷子蘸取稀释后的白醋来溶蚀，并涂上树脂加以保护。

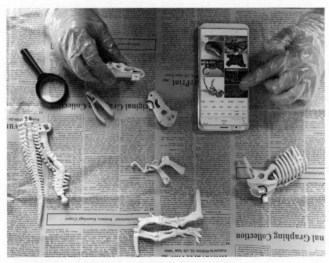

2. 将相似的骨骼化石进行分类并贴上标签，用手机查阅与其相类似的动物骨骼并作比较，为化石命名。

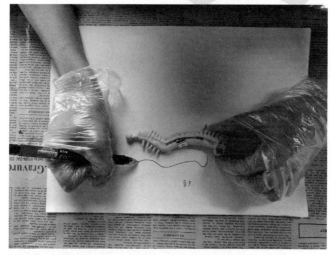

3.认真观察每一块化石的构造，画下来，并剪下拼贴成一幅完整的骨骼图。

4.粘贴骨骼拼图。

2 化石的修复

 模拟化石的复原

◆ 材料准备

细铁丝，可上网的手机（用于查阅资料）。

◆ 操作步骤

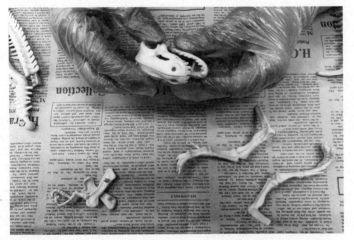

1. 利用细铁丝，根据绘制出的骨骼图进行拼接组合。

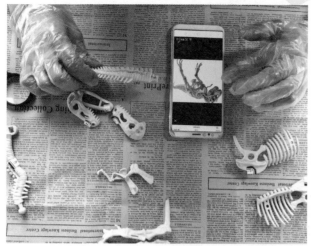

2. 根据复原的骨架中恐龙的牙齿、脚趾等各处的骨骼推断它生前的各项功能，并与查阅到的资料进行对比。

3. 展示、分享完成的恐龙骨骼化石的挖掘成果。

4. 将你的发现写成一篇图文并茂的文章，并讲述恐龙的特征。

研究文章

营养师

引 言

　　人们为一日三餐做准备时，都会去哪些地方购买食物呢？——超市、菜市场、小摊等，都是不错的选择。

　　超市以经营生鲜食品、日杂用品为主，物品齐全，你一定也常去逛。那么，你在超市里都买些什么呢？——零食？饮料？玩具？你试过独自去超市为做一顿午餐买菜吗？你需要认真考虑选择哪些食物，如何搭配它们。这可是门大学问，想试试吗？

　　走，我们一起逛超市吧！这可不是小伙伴之间的"过家家"，在去之前，你需要先接受考验，过关斩将取得资格证才行。

　　准备好了吗？成为小小营养师的第一门必修课，要开始了……

走近营养师

食物的世界丰富多彩，我们吃什么是门大学问。为了指导人们健康饮食，慢慢出现了营养师这个职业。让我们一起走近营养师，畅游食物王国吧！

我们吃什么

你留心过我们每天都吃些什么吗？你知道为什么人需要吃丰富多样的食物吗？

 记录一天中吃的食物

可以按照早餐、午餐、晚餐的顺序回忆一天中吃过的食物。

把每种食物的名称写在记录单上，看看一天中你吃了多少种食物，吃得最多的是什么食物。重复吃的食物要分多次记录。

2 营养师的由来

通过对一日三餐的记录，你会发现原来一天中我们会吃很多种食物，而且其中的一些经常出现在你的餐桌上。

那么，你知道爸爸妈妈是怎么安排一日三餐的吗？在爸爸妈妈的精心搭配下，我们才能更加健康地成长。所以，吃什么、怎么吃，可是一门大学问！

营养师是搭配食物的专家，他们不仅能提供更加专业的饮食建议，还能针对不同人群，提供不同的方案。除此之外，他们也能帮助一些亚健康的人通过食疗改善健康状况。你知道营养师这门职业的由来吗？

营养师职业的由来

　　一百多年前，人们的注意力并不在获取营养上，而是将大量的精力用于对付细菌、病毒、战争和自然灾害引发的疾病。随着社会的发展，科学技术的进步，人类的医疗水平也有了快速发展，如今我们要面对的是被大多数人忽略的慢性疾病。你知道什么是慢性疾病吗？慢性疾病往往是由于人们不良的生活和饮食习惯造成，长期积累导致我们的健康受到损害。

　　要预防慢性疾病的形成，关键在于良好的生活和饮食习惯。虽然大多数人已经开始关注营养问题，但是缺乏相应知识的普通人往往会步入"养生"误区。因此，人们对得到专业指导的需求愈发强烈，营养师这一职业开始出现。

莱纳斯·卡尔·鲍林

古生物学家 营养师

想一想：列举几种你认为不健康的生活或饮食方式

营养师的本领

你了解自己的身体吗？你知道吃进口中的食物都去哪里了呢？你了解食物的营养成分吗？你知道食物变质腐败的元凶是什么吗？

你一定有许多困惑，别急，让营养师为你一一解答！

一起去了解营养师的本领吧！

1 人体的奥秘

你了解自己的身体结构吗？你仔细观察过它吗？作为一名合格的营养师，我们必须探悉人体的奥秘，才能更好地为身体健康做出指导。

 观察我们的身体

从外形上看，我们的身体分为哪些部分呢？

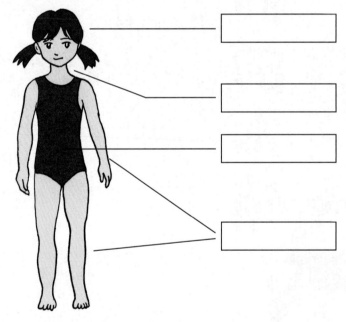

从外形上，我们的身体一般分为头、颈、躯干和四肢四个部分。人体的内部构造是看不到的，但是我们却能听到或触摸到它们的存在。说说你知道的身体内部结构，请在下图中进行标注，并描述你是怎么感觉到它们的存在的。

看：_____

听：_____

闻：_____

摸：_____

当我们每天学习、运动的时候，身体会消耗大量的能量，而能量来自于我们每天所吃的食物。食物在进入口腔后去了哪里呢？它是怎么被我们的身体消化吸收的呢？快跟着食物去"旅行"吧！

画一画：吃下去的食物都去哪里了？

我们的身体里有哪些器官与食物的消化吸收有关？

在右边的人体轮廓中，画出食物可能经过的主要器官。

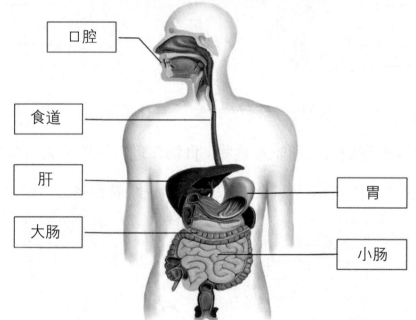

人体消化系统图

　　人体的消化器官主要包括口腔、食道、胃、小肠和大肠。对照上图，说说这些器官的形状和功能。

小故事：食物历险记

以故事的形式，写一篇小短文，描述食物进入体内后去了哪些地方，又经历了什么。

_____

_____

_____

_____

_____

_____

 小实验：模拟消化器官

◆ 材料准备

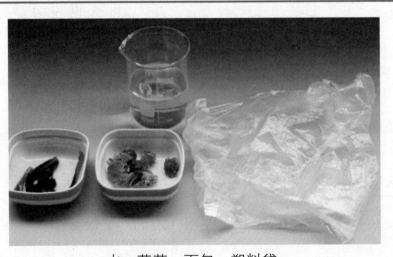

水，蔬菜，面包，塑料袋。

◆ 操作步骤

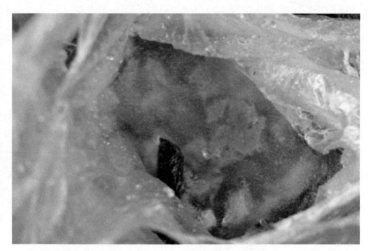

1. 在塑料袋中装上水、切成小块的面包和煮熟的蔬菜。

2. 反复揉挤这个袋子，观察食物的变化。

 连一连：消化器官的作用

口腔	将食物"磨"成食糜
食管	将食物粉碎成小块，初步消化淀粉
胃	吸收食物残渣中的水分
小肠	把食物送到胃里
大肠	吸收营养

2 食物大家族

作为一名营养师，你必须认识许多食物。

在超市中，摆放整齐的瓜果蔬菜你都认识吗？比如大蒜和葱、土豆和地瓜，你能够分辨吗？还有肉品区、海鲜区、乳制品区等，你知道它们是如何划分的吗？你能从相应的区域中找到你所需要的食物吗？

货品：香蕉、苹果、西红柿、橙子
货柜：果蔬区

货品：食用油
货柜：粮油区

货品：橙汁
货柜：饮品区

货品：牛奶、豆乳
货柜：乳制品区

货品：酱油、罐头
货柜：调味品区

想一想：如何快速在超市中找到我们需要的食物

_____

_____

为了认识更多食物，这儿有份采购清单，请你帮忙找到购物清单里的食物，将相应的食物编号填入下列表格中。

采购食物清单						
红薯	白菜	牛排	面条	豆腐	牛奶	鸡蛋
花生油	西红柿	茄子	猕猴桃	螃蟹	玉米	黄豆
芹菜	生姜	排骨	带鱼	盐	洋葱	蒜
吐司	奶酪	核桃	彩椒	西葫芦	南瓜	鸡胸肉

1 2 3 4 5 6 7

8 9 10 11 12 13 14

15 16 17 18 19 20 21

22　　23　　24　　25　　26　　27　　28

29　　30　　31　　32　　33　　34　　35

还有一些食物，在前面的表格中没有找到对应的名称，你能以"编号—食物名称"的形式把它们列举出来吗？

_____

_____

_____

学会分类

什么是分类？

分类是把有共同特征的事物分在一起。

不同的分类依据，分类结果不同。

每次分类只能有一个标准。

分类

分类就是把具有相同或相似特征的事物组合在一起。常用的分类方法有两种：一种是按事物的相同点进行分类；另一种是把事物先分为两类，然后再多次一分为二，一直这样分下去，直到不能再分，这种方法叫作多极二分法。

为采购清单中的食物分类

面对丰富的食物，我们该如何选择呢？在日常采购中，食物分类能节约我们的时间。生活中，人们常常会把食物分成哪几类呢？

可以分为熟食和生食。

我按主食和副食来分类。

可以根据食物的来源分为植物类和动物类。

对采购清单中食物进行分类，写出你的分类依据并记录分类结果。（用编号代替食物）

为食物分类能方便我们的研究。

 ## 营养成分知多少

　　营养师都有一双火眼金睛，藏在食物中的营养成分可躲不过他们的眼睛。

　　不仅如此，他们还懂得使我们保持身体健康、茁壮成长需要哪些营养，能够通过合理搭配饮食，使我们营养均衡。要成为小小营养师，你首先需要认识人体所需的六大营养成分。一起去看看吧！

食物中的营养成分

碳水化合物是人体最主要的能量来源。饮食中如果缺乏碳水化合物，我们将全身无力、疲乏，影响正常的学习和活动。

米饭

> 米饭中含有大量碳水化合物，我们通常把含有大量碳水化合物的食物当做主食。

蛋白质是构成人体肌肉、内脏、头发、指甲和血液的主要成分。如果把人体当作一幢大厦，那么蛋白质就是构成这座大厦的建筑材料，它为儿童提供生长发育所需的营养。

牛奶

> 牛奶中含有大量蛋白质，儿童需要充足的蛋白质支持身体的生长发育。

脂肪被人体吸收后供给的热量是同等量蛋白质或碳水化合物的 2 倍。脂肪也是体内能量重要的贮备形式，为人体保持体温。

食用油

食用油中有大量脂肪，虽然脂肪能够为我们提供能量，但是不能多吃。

维生素和无机盐是维持人体正常生理功能所必需的营养成分，它们有调节身体机能的作用。维生素和矿物质的种类非常多，缺少它们会影响我们身体健康。

苹果

苹果等水果中含有大量维生素和无机盐。

水是人类和动物赖以生存的重要条件，生命离不开水。它也是我们所需的重要营养成分之一。

水是生命之源。养成喝水的好习惯，注意别用饮料来代替水！

水

写出人体所需的六大营养成分。

_____

 想一想：我们能获得哪些营养

通过查阅资料，将你一日三餐中每种食物含有的主要营养成分以"食物—营养成分"的形式列举出来。

例：面包—碳水化合物 _____

_____

_____

_____

 连一连：找到每种营养成分对应的职责

脂肪   蛋白质   碳水化合物   维生素和无机盐

提供长身体所需的营养   为我们活动提供能量   保持身体健康不可缺少的物质   为保持体温提供能量

厨房里的实验

你知道营养师是如何辨别食物中的营养成分的吗？

我们可以通过实验和查阅资料了解营养师的工作。

 ## 淀粉的鉴别方法

◆ 材料准备

淀粉，面包，碘酒，胶头滴管，碘酒棉签。

◆ 操作步骤

1. 在淀粉中滴加碘酒，观察实验现象。

2. 用棉签蘸取些许碘酒，涂抹在面包上，观察实验现象。

淀粉、面包遇到碘酒，颜色发生变化，变成了蓝色。利用淀粉和碘酒反应时颜色会变蓝这一特性，我们可以检测一些食物中是否含有淀粉。

神秘的信件

　　用毛笔蘸取米汤，在白色硬卡纸上写下密信，晒干后将信件和神秘药水送给你的小伙伴吧。将神秘药水喷在信件上可看到信的内容。让小伙伴猜一猜：神秘药水是什么？

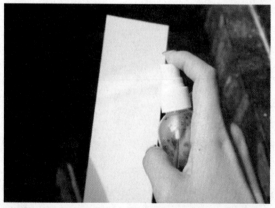

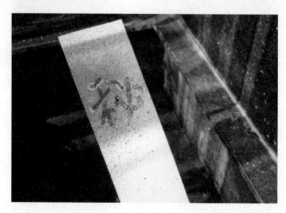

脂肪的鉴别方法

◆ 材料准备

花生油，水，肥肉，镊子，棉签，白纸。

◆ 操作步骤

1. 用镊子夹取肥肉在白纸上挤压、滑动，观察现象。

2. 用棉签蘸取些许花生油，在白纸上画一条线，观察现象。

3. 用棉签蘸取些许水，在白纸上画一条线，与前两道痕迹对比，你发现了什么？

　　含有脂肪的食物会在白纸上留下半透明的油迹。你还能用什么方法鉴别脂肪？水面上的油花是否能给你一些启示？

_____

_____

_____

你能再列举一些含有脂肪的食物吗?

 蛋白质的鉴别方法

◆ 材料准备

肉松,酒精灯,镊子,火柴。

◆ 操作步骤

点燃酒精灯，用镊子夹取少许肉松，将肉松放在火焰上方加热。观察肉松燃烧后的现象，闻到类似烧焦羽毛的气味，说明食物中含有蛋白质。

当然，除了实验，我们也可以根据食品标签或者查阅资料知道食物的成本，判断食物中是否含有蛋白质。

营养成分表		
项目	每100克	营养素参考值%
能量	2099千焦	25%
蛋白质	4.4克	7%
脂肪	24.2克	40%
碳水化合物	66.4克	22%
钠	446毫克	22%

营养成分表 nutrition information		
项目/Items	每100毫升/ per 100mL	营养素参考值%/ NRV%
能量/energy	276千焦(kJ)	3%
蛋白质/protein	3.8克(g)	6%
脂肪/fat	3.5克(g)	6%
碳水化合物/ carbohydrate	4.8克(g)	2%
钠/sodium	40毫克(mg)	2%
钙/calcium	120毫克(mg)	15%

5 食物王国的宝塔

我们从丰富的食物中获取各种营养，有没有一种食物含有所有的营养成分呢？

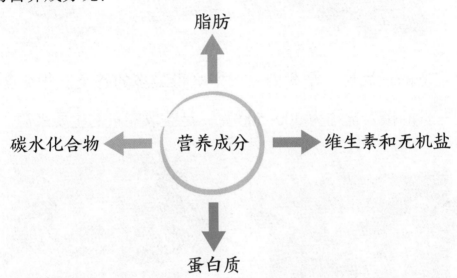

脂肪

碳水化合物 ← 营养成分 → 维生素和无机盐

蛋白质

其实，营养成分也存在着摄入量的主次之分。你认为我们在日常生活中哪一类食物吃得最多？哪一类应该多吃些、哪一类应该少吃些呢？

食物宝塔

营养必须合理搭配，才能保证我们正常生活和成长，就是营养要均衡。

登上食物王国的宝塔

粮食类

宝塔的最底层，是我们一天中吃得最多的谷类、薯类食物，我们一日的摄入量约为 300~500 克，是获取能量的主要来源。

蔬菜　水果

宝塔的第二层堆满了蔬菜水果，在这里我们能获取保持身体健康不可或缺的维生素和矿物质，我们每日需要的水果摄入量约为 100~200 克，蔬菜的摄入量约为 400~500 克。

鱼虾肉蛋　豆、奶类

继续往上走，我们发现宝塔的空间变得更小了些。在这层，我们遇到了含有丰富蛋白质的鱼、虾、肉、蛋类食物，还有豆类、奶类食物。我们可以从中获取长身体所需的营养，但是要适量摄入，否则会造成消化负担，鱼虾肉蛋类食物每天摄入量约为125~200 克，豆类、奶类每天摄入量约为 150 克。

油脂类

终于登上了塔顶，这里是油脂类食物的地盘，它们虽然能为身体提供能量，但是吃多了容易引起肥胖，使我们的健康受损。除此之外，高糖、高盐的食物也要少吃，比如蛋糕、巧克力、油炸、膨化食品等。

游览了食物宝塔后，你有什么发现？宝塔各层的食物在宝塔中占据的位置说明了什么，你能总结一下吗？

_____

_____

古生物学家 营养师

 记录一天的饮食

早餐:＿＿＿＿＿＿＿＿＿＿＿＿＿＿＿＿＿＿＿＿＿＿

＿＿＿＿＿＿＿＿＿＿＿＿＿＿＿＿＿＿＿＿＿＿

午餐:＿＿＿＿＿＿＿＿＿＿＿＿＿＿＿＿＿＿＿＿＿＿

＿＿＿＿＿＿＿＿＿＿＿＿＿＿＿＿＿＿＿＿＿＿

晚餐:＿＿＿＿＿＿＿＿＿＿＿＿＿＿＿＿＿＿＿＿＿＿

＿＿＿＿＿＿＿＿＿＿＿＿＿＿＿＿＿＿＿＿＿＿

将你今天吃的食物按摄入量的多少, 分别画入下面的宝塔中。

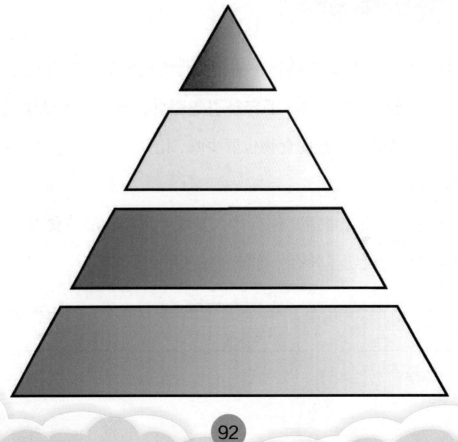

制作属于你的一日膳食宝塔

◆ 材料准备

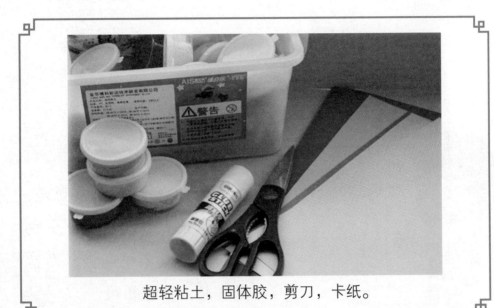

超轻粘土，固体胶，剪刀，卡纸。

◆ 操作步骤

　　用卡纸制作出食物宝塔的立体支撑台，再根据记录的一日膳食情况，用超轻粘土捏出食物的形状。

通过制作一日膳食宝塔，你发现自己的饮食有哪些需要改进的地方？为了让我们的身体保持营养均衡，你会制定什么样的膳食搭配原则呢？

> 画出一日膳食宝塔，才发现原来在一天中我肉吃得比蔬果多。

> 我的膳食搭配原则是：荤素搭配，多吃蔬菜，少吃零食，尽量不吃高糖、高盐的食物，多吃粗粮。

写下你的膳食搭配原则。

霉菌的威力

瞧，从超市买回来的新鲜橙子，过了一段时间怎么变样了？

到底是谁在搞破坏？我们去一探究竟吧。

在我们的感官中，眼睛能获得比其他感官更为丰富的信息，但人的视力最多只能看清楚 0.2 毫米大小的物体。我们用肉眼看不到的微观世界是什么样子的呢？

放大镜和显微镜的发明扩大了我们的视野，让我们可以走进微观世界，去发现更多奥秘。

 ## 用放大镜观察发霉的橙子

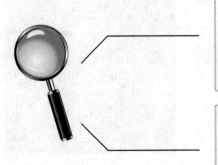

观察方法一：让放大镜靠近观察的物体，观察对象不动，人眼和观察对象之间的距离不变，然后手持放大镜在物体和人眼之间来回移动，直至图像大而清晰。

观察方法二：放大镜尽量靠近眼睛。放大镜不动，移动物体，直至图像大而清晰。

古生物学家　营养师

用显微镜观察发霉的橙子

想看得更清楚些，我们需要显微镜来帮忙！我们试着用它来看看橙子究竟发生了什么吧！

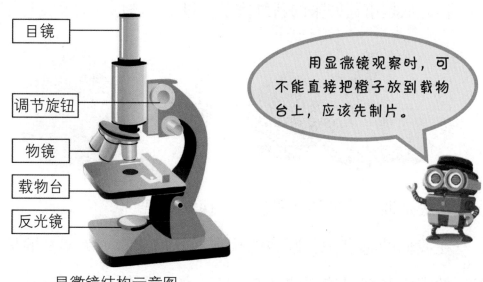

显微镜结构示意图

用显微镜观察时，可不能直接把橙子放到载物台上，应该先制片。

通过显微镜的观察，我们发现原来是小小的霉菌在搞破坏。像霉菌这样非常微小、无法用肉眼看见的生物，我们称之为微生物。

列文虎克发现了微生物

第一个揭开微生物秘密的是荷兰人列文虎克。

他对于在放大透镜下所展示的显微世界非常有兴趣。列文虎克一生磨制了 400 多个透镜，有一架简单的凸透镜，其放大率竟达 300 倍！

列文虎克

他不但用自制的显微镜观察研究植物、蜜蜂的"针"、蚊子的"嘴"，还观察井水、雨水……发现了能够游动的微生物，为人类敲开了认识微生物的大门！

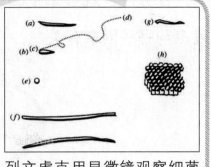

列文虎克用显微镜观察细菌的记录

微生物在大自然中分布极广，空气中、水中、泥土中、动植物的体内和体表都有微生物，细菌、真菌、病毒是不同种类的微生物，霉菌属于真菌的一种。

变质的食物

霉菌是食物变质、腐败的元凶。

食物霉变过程中会产生对人体有害的物质，所以发霉变质的食物是绝对不能食用的。

为了让食物能够储存更长时间，我们要先了解在什么环境下霉菌长得更快。

任务一：观察家中的面包是如何存放的，说一说你认为面包发霉与哪些因素有关。

买了很多面包，要怎么存放呢？

我发现 _____

_____

_____

_____

_____

_____

_____

任务二：设计实验，比较哪一块面包上的霉菌长得更快。

实验方案

霉菌与其他生物一样，它的生长需要适宜的生长环境，需要获取营养。在温暖、潮湿的环境中，霉菌能很快地繁殖，越来越多的微生物分解、吸收食物中的营养，同时排出废物，使食物不再是原来的样子，食物就腐败变质了。

你看，霉菌破坏力竟如此之大！

7 食物保卫战

要怎么做，才能够使食物长时间保存而又不发霉变质呢？从面包发霉实验中你能得到什么启发呢？

走，跟着营养师一起开启保护食物大作战！

 鲜香菇与干香菇的区别

观察新鲜的香菇和晒干的香菇，记录它们的区别。

新鲜的香菇

晒干的香菇

香菇的生存保卫战

将一朵鲜香菇和一朵干香菇分别装入塑料袋中，封口扎紧。将两个袋子放在相同的温暖环境中，对比观察，看哪个先开始发霉变质。

 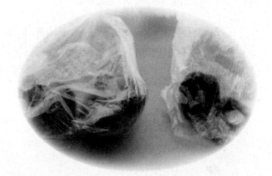

香菇的生存保卫战

	鲜香菇	干香菇
第一天		
第二天		
第三天		
第四天		
第五天		
第六天		
第七天		
你的发现：		

通过实验，我们知道食物腐败是由微生物引起的。微生物在适宜的环境中能很快地繁殖，同时释放自身代谢的废物，使食物腐败变质。

> 不让微生物有生长的条件！

如果将食物中的水分晒干，影响微生物生长环境，抑制微生物繁殖，能有效地减缓食物腐败变质的速度。

制作美味水果干

◆ 材料准备

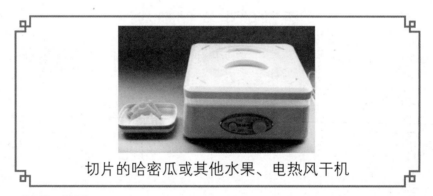

切片的哈密瓜或其他水果、电热风干机

◆ 操作步骤

将切成薄片的水果放入电热风干机内，设定合适的时间，开始风干。

你还知道哪些储存食物的方法？人们用什么方法减慢食物变质的速度？

这些食物安全吗？

　　我们每天都在接触各式各样的食物，吃进口中的这些食物到底安全吗？如果饮食不注意，容易引起腹痛、腹泻、呕吐，甚至是食物中毒……那么，我们该如何确保食品安全呢？

　　不同的食物需要进行不同的处理，有些食物经过烹饪后对我们的健康有利，而有些食物生吃更有营养。如果处理不当，则有可能对我们的健康造成伤害。

 ## 说一说

举例说说哪些食物可以生吃，哪些食物必须煮熟了吃。

可以生吃的食物	必须煮熟的食物

观察米和米饭

与生的米对比，煮熟的米饭有什么变化？

看体积：

摸软硬：

闻气味：

尝味道：

　　煮熟食物能够杀死细菌等微生物，使食物更加松软可口，利于人体的消化和吸收，保护我们的肠胃健康。生的食物会保留自身的营养成分，尤其是维生素不会被破坏，所以采用生食的方法能够在一定程度上减少营养的损失，但是一定要注意卫生。

　　在不确定食物是否能够生食的情况下，煮熟是最简单安全的处理方式。

除此之外，人们还通过对食物进行加工来达到方便储存、提味增香、方便食用等目的。

 观察食品包装袋

真空包装   透明包装   不透明包装

食品为什么会有这么多不同的包装呢？我们能从食品包装上获取哪些信息呢？

_____

_____

 比较几种食品的保质期

我们可以从食品包装袋上了解到食物的生产日期、保质期和保存方法，为饮食安全提供帮助。

我们还能通过阅读食品包装袋上的数据，了解食品的原材料和营养成分，从而更科学地安排饮食，为我们的营养均衡提供保障。

食品的生产日期与保质期

食品名称				
生产日期				
保质期				
保存条件				

分析以下两种食物的成分有什么不同。

食品	饼干	薯片
主要成分		
属于食品添加剂的成分		

调查食品添加剂在食物中所起的作用

食用香精赋予食品香味。

食用过多食品添加剂会对身体造成伤害。

作用：

 想一想

在我们常吃的食物中，哪些是天然食品？哪些是加工食品？

天然食品一定是安全的吗？

天然食品	加工食品

查阅资料，试着分析天然食品的不安全因素

食物	因素		
	水环境污染	长期存放	农药残留

　　要保证食品安全，我们需要学会简单处理食物，如：将蔬菜水果清洗干净，鱼虾肉等食物煮熟后再食用，选择食物前先阅读食品包装信息，等等。掌握了这些技巧，我们就能够为自己和家人选择更加安全的食物啦！

STEAM实践：设计一日食谱

通过学习，你已经成为一名小小营养师了。我们收到晨光小学的邀请，马上就到学校校庆日了，校长希望我们能派一名营养师为学校制订校庆日的食谱。你愿意接受挑战吗？

1 调查报告

 PART 1 技能训练

作为一名职业营养师，仅仅掌握书本知识是远远不够的，还需要具备能够实际操作的十八般武艺。

首先，营养师要像侦探一样获取有效的情报，善用调查法，根据实际情况解决问题。

常见的膳食调查法有 24 小时回顾法、食物频率法、记账法……

 填一填

这是一份 24 小时膳食回顾调查问卷表，请选择一位调查对象，完成表格。

调查时间：＿＿＿＿＿＿＿＿＿　　　调查对象：＿＿＿＿＿＿＿＿＿

进餐时间	食物名称	原料名称	摄入量
例：上午 7：30	鸡蛋煎饼 1 个 豆浆 1 杯	小麦粉 鸡蛋 黄豆	70 g 50 g 20 g

营养师通过 24 小时膳食调查，获得了咨询者一日的食物摄入量，就能分析其膳食结构并做出评价和指导。

其次，营养师要像裁缝一样学会测量人体。只有通过精确的测量数据，才能有针对性地量身定制指导方案。

 ## 测量你身体的基本数据

◆ 材料准备

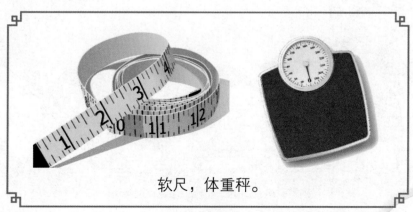

软尺，体重秤。

测量胸围时，将软尺水平地圈在胸围上，慢慢收紧。软皮尺水平测量的胸部水平围长，就是实际的胸围尺寸。参照此方法测量身体的基本数据并记录。

身高：

体重：

头围：

胸围：

腰围：

除此之外，营养师还测量背高、皮褶厚度、上臂围等更多的人体数据。

PART 2 大调查

校长的话：

　　亲爱的营养师，你好！欢迎来到晨光小学。我们学校开办时间不长，所以整个校园内只有我、林老师和四位小朋友——小可、乔乔、胖虎、李明。

　　马上就到校庆日了，我们希望你能根据以下情况为大家制订校庆这一天的营养食谱。

　　下面，我会把大家的情况都告诉你。

　　你好，我是晨光小学的校长陈老师。我今年43岁，身高162 cm，中等微胖身材。最近我的肠胃不太好，一吃多就容易消化不良，太油腻的食物受不了。

　　前一段时间去体检，还查出我有轻度脂肪肝。医生说我高热量的食物摄入过多，接下去的饮食需要清淡一些！

　　自我介绍一下，我是晨光小学的林老师，上班时间我的主要工作是带同学们在操场上做游戏和运动，我还需要确保同学们在园内的安全。当同学们休息时，我的任务就是修剪校园里的植物、检查一些电器是否正常工作等。所以，我一天的工作特别辛苦，就靠三餐为我提供能量了！

嗨！我叫小可，今年刚上小学，我只有 7 岁。

平时在家都是爸爸妈妈为我准备吃的，我一天会吃好几餐，早餐、点心、午餐……哎呀，虽然每次吃得不多，但我吃的次数多呀！妈妈说我年纪还小，胃口也小，所以容易肚子饿，少吃多餐更合适。

嗨！我是乔乔，小可是我的好朋友，我们一样大。

不过我的个子比她矮了 5 cm，我只有 130 cm，她也比我重一些。可能是我比较挑食，很多种蔬菜我都不爱吃。妈妈说这样很不健康，不过我爱吃苹果、香蕉、西瓜等水果，你会帮我准备水果吗？

你好，我是李明。我今年 8 岁，我最喜欢和林老师一起玩游戏了。每次我都会流一身汗，特别累！

我的胃口可好了，每次能吃两个鸡腿呢！但是我不爱吃饭，只爱吃肉，还有各种各样的零食！我最喜欢薯片啦，香香脆脆的，你喜欢吗？为什么大人们说这是垃圾食品呢？

嘿，我是胖虎！其实我一点也不胖，而且我还比其他小朋友瘦一些呢。

我比较内向，喜欢自己坐在座位上画画，我也不太喜欢吃饭，觉得什么都不好吃。爷爷奶奶说我不运动、不好好吃饭，所以长得慢！是这样吗？那你能为我安排好一天的食谱吗？

 整理你收集的信息，写一份调查报告

人员情况：

对应方案：

② 食谱大挑战

 为晨光小学设计"一日食谱"

交流与分享

与身边的人分享你的食谱，收集大家的建议。

意 见 栏

 修改与完善

用另一种颜色的笔修改和完善你设计的食谱。

美化食谱

你知道食谱还有哪些展现方式呢？一起来说一说。

_____

_____

 展示与分享

向同学、老师、家人展示你的食谱卡，听听他们的评价吧！

评 价 栏